Druck:
CPI Druckdienstleistungen GmbH
im Auftrag der
Zeitfracht Medien GmbH
Ein Unternehmen der Zeitfracht - Gruppe
Ferdinand-Jühlke-Str. 7
99095 Erfurt

FSC
www.fsc.org
MIX
Papier | Fördert gute Waldnutzung
FSC® C083411

Zeitfracht Medien GmbH
Ferdinand-Jühlke-Straße 7
99095 Erfurt, Deutschland
produktsicherheit@kolibri360.de

سمير سامى

آثار سيل وادى العريش عام 2010

سمير سامى

آثار سيل وادى العريش عام 2010

Noor Publishing

Imprint
Any brand names and product names mentioned in this book are subject to trademark, brand or patent protection and are trademarks or registered trademarks of their respective holders. The use of brand names, product names, common names, trade names, product descriptions etc. even without a particular marking in this work is in no way to be construed to mean that such names may be regarded as unrestricted in respect of trademark and brand protection legislation and could thus be used by anyone.

Cover image: www.ingimage.com

Publisher:
Noor Publishing
is a trademark of
Dodo Books Indian Ocean Ltd. and OmniScriptum S.R.L publishing group

120 High Road, East Finchley, London, N2 9ED, United Kingdom
Str. Armeneasca 28/1, office 1, Chisinau MD-2012, Republic of Moldova, Europe
Printed at: see last page
ISBN: 978-620-2-34975-8

آثار سيل وادى العريش عام ٢٠١٠

أ.د / سـمير سـامى محمـود

أستاذ بقسم الجغرافيا ـ كلية الآداب

جامعة القاهرة

القـاهرة

٢٠٢٣

المحتويات

***

فهرس الخـــرائط

الرقم	العـــــنوان	الصفحة

***

فهرس الصور الفوتوغرافية

الرقم العـــــــنوان الصفحة

الرقم	العـــــــنوان	الصفحة

الرقم	العـــــــنوان	الصفحة

***

المقـــدمة:

تتناول هذه الدراسة عرضاً لآثار السيل الذى أصاب وادى العريش بتاريخ ٢٠١٠/١/١٩، حيث أمكن للباحث زيارة القطاع الأدنى للــوادى فيمــا بــين سـد الروافعة جنوباً والمصب فى البحر المتوسط شمالاً[1]، ومن ثم تم تسجيل العديـد من الآثار التى خلفها السيل، وظلت لفترة طويلة نسبياً بعد حدوثه. وستبدأ الدراسة بعرض للملامح العامة لحوض وادى العريش، ثم يلى ذلك عرضاً موجزاً لآثــار السيل بمنطقة سد الروافعة، وبمدينة العــريش موضــحاً بالعديــد مــن الصــور الفوتوغرافية، وذلك كما يلى:

أولاً: الملامح العامة لحوض وادى العريش:

يقع حوض وادى العريش بالجزء الشمالى الشرقى من شبه جزيرة سيناء، ويبلغ طوله ٢٣٧,٥كم، ومتوسط عرضه حوالى٨١ كم. ومســاحته ١٩٣٠٦ كــم٢ (أى حوالى ثلث مساحة شبه جزيرة سيناء) (أحمد سالم ، ١٩٨٥) (شكل١)، وهــو يعتبر بذلك من أكبر أحواض التصريف بالصحارى المصرية، والتى من أكبرهــا بالصحراء الشرقية حوض وادى قنا الذى تبلغ مساحته حوالى ١٦٠٠٠كم٢ (آمــال إسماعيل،١٩٨٢)، ويصب فى نهر النيل، وكذلك أكبر من العديد من أحواض أودية تلك الصحراء التى تصب فى البحر الأحمر وخليج السويس أيضاً، والتى من بينها حوض وادى غويبة الذى تبلغ مساحته ٣١٢٠,٥ كم٢(سعيد عبد الرحمن، ١٩٨٥).

وينحدر سطح حوض وادى العريش من الجنوب إلى الشمال، من ارتفــاع أقصاه ١٦٢٦ متراً فى منطقة رأس الجنينة بهضبة العجمة حتى يصب الوادى فى البحر المتوسط فى أقصى الشمال، وتتخلله بعض الحافــات مثــل حافــة العجمــة الشمالية، وبعض الكتل الجبلية، والتى من أهمها جبل العجمة، وجبل الغورية (أحمد سالم ، ١٩٨٥) (شكل ١).

١- تمت الزيارة خلال مرافقة الباحث لطلاب الفرقة الرابعة بقسم الجغرافيا – كلية الآداب – جامعة القاهرة فى الرحلة العلمية لشمال سيناء فى الفترة من ١٣-٢٠١٠/٣/١٧.

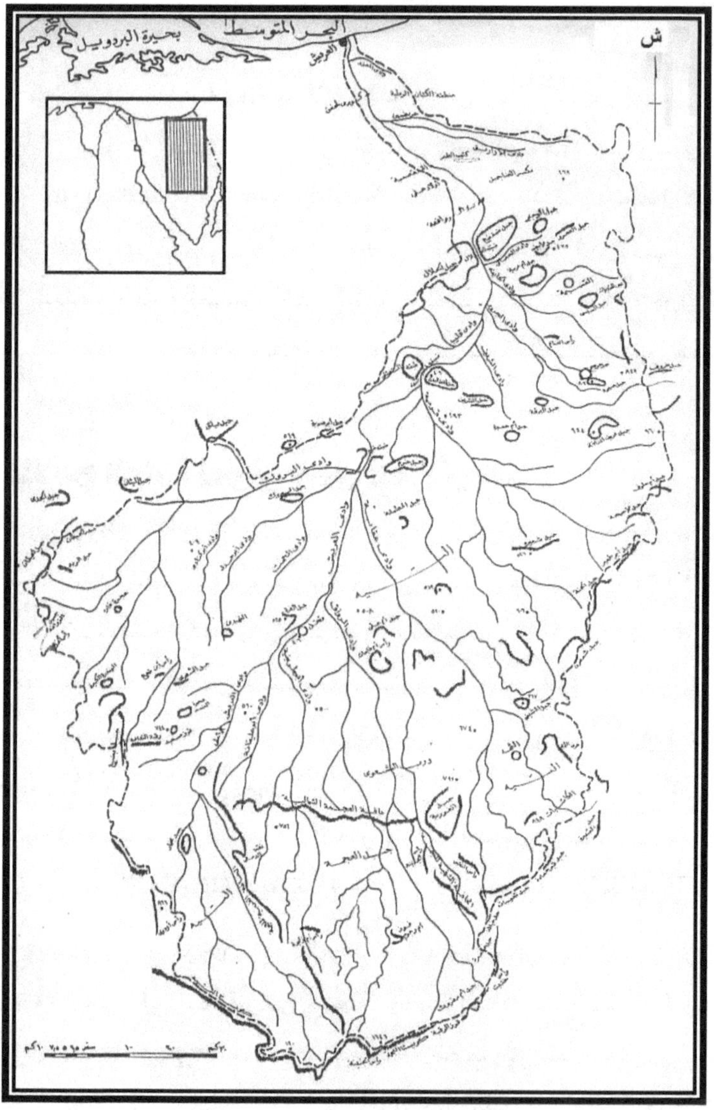

المصدر: أحمد سالم، ١٩٨٥.

شكل (١): موقع حوض وادى العريش ومعالمه الرئيسية.

ويتـألف معظـم الحـوض مـن الصــخور الرسـوبية، ومعظمهـا مـن الحجـر الجيرى، بالإضافة إلى الرواسب المفككـة، والتـى تظهر فـى بطـون روافد الـوادى، وبالقرب من المصب. أما عن روافد الوادى الرئيسية فيبلـغ عددها أحد عشر رافداً رئيسياً، وهـى أوديـة البـروك، وقريـة، وعقابـة، والـرواق، والعريش الأعلـى، وأبـو طريفيـة، والجايفـة، والجـرور، وأبـو عليقانـة، وقليـب، والحصـانى، بالإضـافة إلـى الـوادى الرئيسـى (شـكل ٢)، كمـا يبلـغ إجمـالى عـدد المجـارى المائيـة بـالحوض ١٩٢٧٥٥ مجرى (أحمد سالم ، ١٩٨٥).

ومما تجدر الإشارة إليه أنه نظراً لكبر مساحة حوض الوادى وكذلك تكوّن معظمه من الصخور الرسوبية والرواسب المفككة، ووجود العديد من الكتل الجبليـة والحافات به، وكثرة عدد روافده، فمن الطبيعـى أن يلعب كل ذلك دوراً مهمـاً فـى خطورة معظم السيول التى قد التى تصيبه، خاصة فى حـال سقوط كميـة كبيرة من الأمطار الفجائية على معظم سطحه، حيث يؤدى ذلك إلـى حدوث جريانـات سيلية كبيرة وسريعة، ويكون لها قدرة كبيرة على حمل ونقل كميات كبيرة من الرواسب، ومن ثم زيادة خطورته على المناطق التى يمر بها ـ خاصة مدينة العريش التـى تقع عند مصبه، حيث غالباً ما يسفر ذلك عن بعض الأضرار بالمنشآت الواقعة علـى جـانبى مجـراه بهـا، وكـذلك أى منشـآت مؤقتـة أو زراعـات يقـوم بعـض السـكان بزراعتها بمجراه الرئيسى اعتماداً على صلاحية رواسبه للزراعة .

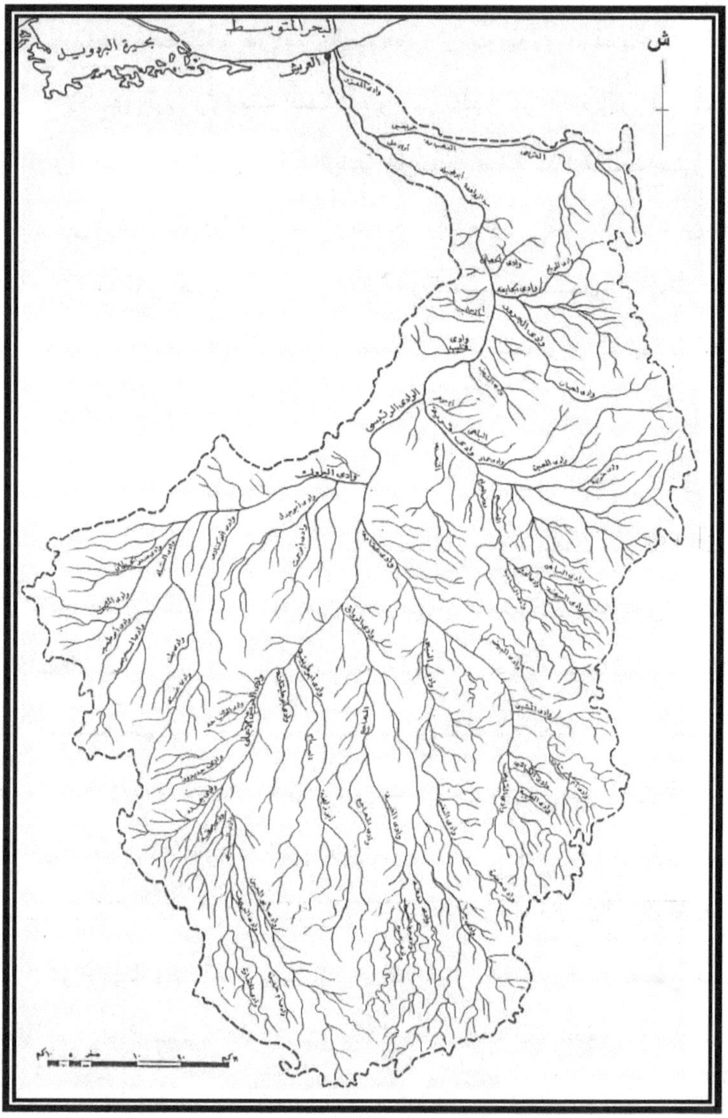

المصدر: أحمد سالم، ١٩٨٥.

شكل (٢): روافد وادى العريش.

ثانياً: آثار السيل بمنطقة سد الروافعة:

نظراً لأهمية الوادى وكبر مساحة حوضه، ولدرء اخطار السيول التى قد تصيبه بين الحين والآخر، والتى قد تضر بمدينة العريش التى تقع على ساحل البحر المتوسط عند مصبه، حيث يشقها مجراه الأسفل إلى قسمين - شرقى وغربى، فقد تم بناء السد المعروف باسم سد الروافعة على مجراه الرئيسى - إلى الجنوب من مدينة العريش بحوالى ٥٠ كم عام ١٩٤٦، وتم تعليته عام ١٩٨٦ ليحجز أكبر كميات السيول التى قد تصيبه، وتمنع وصولها إلى مدينة العريش، ولكن هذه التعلية لم تكن بالقدر الكافى لحجز إجمالى كمية السيول التى جرت بالوادى فى يوم ١٩ يناير عام ٢٠١٠، حيث أن أقصى كمية تخزين أمام السد تبلغ ٥,٢ مليون متر٣ (صورة ١)، ومن ثم فقد ارتفعت المياه أمامه، واندفعت من الفتحات العلوية الموجودة أعلاه (صورة ٢)، والتى يعلوها طريق المشاه الذى يمثل أعلى جزء بالسد (صورة ٣)، ومن ثم تدفقت تلك المياه الزائدة عن سعة التخزين أمام السد، ووصلت إلى مدينة العريش لتدمر بعض المنشآت على جانبى المجرى، والطرق المرصوفة المجاورة له وغيرها كما سيتضح فيما بعد.

أما بالنسبة لآثار السيل بمنطقة السد فيتمثل أهمها فى ظهور بحيرة طولية تمتد أمامه بارتفاع يقارب أسفل الفتحات العليا به (صورة ٤)، والتى تعمل على تصريف مياه السيول التى تزيد كمياتها أمامه عن هذا المنسوب (صورة ٥) ، ويشير وجودها بهذا الارتفاع بالرغم من تسجيلها بعد حدوث السيل بفترة تقل قليلاً عن الشهرين من تاريخ حدوث السيل إلى أن عمليات التبخر من تلك البحيرة ليست كبيرة، ويرجع ذلك إلى انخفاض درجة الحرارة نسبياً بالمنطقة فى تلك الفترة

بفصل الشتاء، كما يبدو أن عمليات التسرب فى قاع البحيرة وبجوانبها تبدو بطيئة نسبياً، وغالباً ما يرجع ذلك إلى جريان الوادى بمعظم منطقة السد فى صخورالحجر الجيرى قليلة المسامية والنفاذية نسبياً (صورة ٦)، وقد يشير إلى الانخفاض النسبى لمنسوب سطح البحيرة بعد حدوث السيل بحوالى شهرين وجود بعض الحزوز التى تشير إلى توالى انخفاض سطح المياه بجوانب البحيرة بالقرب من السد (صورة ٧)، كما يشير إلى ذلك أيضاً وجود بعض التشققات بالرواسب الطينية بالسطح على هوامش البحيرة بالقرب من سطح الماء (صورة ٨).

كذلك فقد أدى ارتفاع منسوب المياه بالبحيرة إلى طغيانها على بعض الأراضى المجاورة لتظهر بعض النباتات محاطة بالمياه (صورة ٩)، كما ظهرت بضع شجرات متجاورة على الجانب الأيسر للبحيرة وتحيط بها المياه عن قرب، لتبدو وكأنها نمت فوق لسان من اليابس يمتد داخل البحيرة، وذلك بعد أن طغت مياه البحيرة على ذلك الجانب (صورة ١٠).

أما خلف السد مباشرة فقد ظهر أثر شدة تدفق مياه السيل من فتحات تصريف المياه بالجزء العلوى منه فى غسل حائط جسم السد المغطى بكتل الأحجار الجيرية، وخاصة فى الأجزاء التى تظهر أسفل تلك الفتحات مباشرة، حيث يبدو لونها أكثر بياضاً نسبياً من الأجزاء التى تقع أسفل الحوائط التى تفصل بين تلك الفتحات (صورة ١١). كذلك ظهرت آثار لكميات قليلة من المياه تتدفق من الفتحة العليا الأولى بالجانب الأيسر للسد، وتجرى إلى الأسفل عبر الدرجات شبه السلمية بذلك الجانب حتى تصل إلى قاع المجرى (صورة ١٢)، وهى غالباً تتسرب من بعض الأنابيب البلاستيكية الممتدة عبر تلك الفتحة العليا لنقل بعض

المياه من البحيرة لأغراض الزراعة أو غير ذلك بالمنطقة الواقعة خلف السد (صورة ١٣)، وقد يؤيد ذلك وجود مثل تلك الأنابيب بالفتحة العليا الأولى بالجانب الأيمن من السد أيضاً، حيث غالباً ما يتم سحب المياه من البحيرة بالمضخات عبر تلك الأنابيب (صورة ١٤).

أما قاع المجرى بتلك المنطقة ولمسافة عشرات الأمتار من أسفل جسم السد فيبدو فى شكل بحيرة طولية ضحلة (صورة ١٥)، ربما تخلفت عن مياه السيل ولم تجف تماماً حتى تاريخ زيارة الباحث، أو ربما يسهم فى وجودها تسرب مياه البحيرة الواقعة أمام السد - سواء من الأنابيب التى تمر بالفتحتين العلويتين سابقتى الذكر أو غيرهما، أو عبر بعض الأجزاء من جسم السد، حيث غالبا ما تتسرب بعض المياه من أجسام معظم السدود، أو غير ذلك.

كذلك فإنه ربما أسهم اندفاع مياه السيل فى هدم بعض الكتل الجيرية المستخدمة فى إنشاء المدرجات شبه السلمية بجانبى المجرى خلف السد مباشرة، وبالسلالم الموجودة بها (صورتا ١٦، ١٧)، كذلك ربما أسهم ذلك الاندفاع فى زيادة تآكل الصخور الجيرية بجانبى المجرى أعلى البحيرة الضحلة الموجودة خلف السد (صورة ١٨)، وكذلك انجراف بعض الرمال بالجانب الأيسر بالوادى بتلك المنطقة أيضاً (صورة ١٩).

وبصفة عامة فبالرغم أن سد الروافعة لم ينقذ مدينة العريش من بعض التدمير الذى أصابها بسبب ذلك السيل كما سيتضح فيما بعد، إلا أنه قد أسهم كثيراً فى تقليل ذلك التدمير بحجزه لكميات كبيرة من مياهه فى البحيرة التى كوّنها أمامه. كما أن تلك البحيرة قد أصبحت مورداً مؤقتاً للمياه التى يمكن استغلالها مباشرة

سواء فى مجال الزراعة ببعض الأماكن القريبة منها، أو أستخدامها فى أى أنشطة أخرى، كما أن ما يتسرب منها بباطن الأرض يمكن استخراجه فيما بعد بحفر الآبار، وخاصة ما قد يكون فى شكل مياه تحت سطحية (قريبة من السطح) يمكن استخراجها بأقل التكاليف. ويعتبر استغلال تلك المياه بأى شكل من الأشكال سابقة الذكر من الجوانب الإيجابية للسيل - خاصة فى تلك المنطقة الصحراوية التى تفتقر إلى وجود المياه العذبة.

ثالثاً: آثار السيل بمدينة العريش:

تجدر الإشارة إلى أن مدينة العريش قد نمت على كلا جانبى وادى العريش بالقرب من مصبه فى البحر المتوسط بشمال سيناء، ونظراً لأن مجراه الأدنى يقسمها بذلك إلى قسمين - شرقى وغربى، فقد تم بناء العديد من المساكن بالقرب منه مباشرة (صورة ٢٠) ، وذلك نظراً لعدم إصابته بالسيول بشكل منتظم، شأنه فى ذلك شأن معظم الأودية الجافة بالمناطق الصحراوية، مما يجعل السكان يظنون مع مرور الزمن بأنهم فى مأمن من أخطار سيوله، ومن ثم يلجأ البعض لاستغلال مجراه ذاته فى مجال الزراعة المؤقتة، وبعض الاستخدامات الأخرى المؤقتة أيضاً، وقد يعرضهم ذلك للخطر إذا أصابه سيل فجائى، وهذا ماحدث بالفعل حين أصابه السيل فى ذلك العام (٢٠١٠)، حيث نتج عنه تدمير وإغراق لبعض الزراعات سواء بداخل مجراه أو بجواره (صورتا ٢١، ٢٢). كما أدى الجريان إلى إزالة جزء من سطح التربة فى بعض الأماكن، ومن ثم ظهور أجزاء من جذور بعض أشجار النخيل على السطح (صورة ٢٣).

أما بالنسبة للمبانى فقد أضر السيل ببعضها، ، خاصة فى بعض الأماكن الملاصقة لمجراه (صورتا ٢٤، ٢٥)، كما ألحق الضرر ببعض المرافق العامة، حيث أزال بعض الأعمدة الحديدية من أماكنها (صورة ٢٦)، والتى ربما تكون أعمدة إنارة ، كما أتلف أجزاء من بعض الطرق المرصوفة (صورتا ٢٧، ٢٨)، ذلك بالإضافة إلى وجود بعض برك المياه التى ظلت لفترة متبقية عنه (صورة ٢٩)، وبعضها الآخر قد جفت تاركة خلفها بعض الشقوق الطينة التى تشيرإلى وجودها من قبل (صورة ٣٠).

الخاتمة:

أوضحت دراسة آثار سيل وادى العريش عام ٢٠١٠ بعض النتائج، كما انتهت إلى بعض التوصيات المهمة، وذلك كما يلى:

أولاً: النتائج:

١- نظراً لكبر مساحة حوض الوادى (١٩٣٠٦ كم٢)، والتى تشمل حوالى ثلث مساحة شبه جزيرة سيناء، وكذلك تكون معظمه من الصخور الرسوبية والرواسب المفككة، ووجود العديد من الكتل الجبلية والحافات به، وكثرة عدد روافده، فمن الطبيعى أن يلعب كل ذلك دوراً مهما فى خطورة معظم السيول التى تصيبه، خاصة فى حال سقوط كمية كبيرة من الأمطار الفجائية على سطحه، حيث غالباً ما ينتج عن ذلك جرياناً سيلياً سريعاً، ومحملاً بكميات كبيرة من الرواسب، ومن ثم زيادة خطورته على المناطق التى يمر بها ــ خاصة مدينة العريش التى تقع عند مصبه.

٢- بالرغم من بناء سد الروافعة، ثم تعليته، وذلك لحماية مدينة العريش من أخطار السيول التى قد تصيب الوادى إلا أن كميات مياه سيل عام ٢٠١٠ كانت أكبر من الحجم المخصص للتخزين أمام السد، ومن ثم تشكلت بحيرة التخزين وزاد منسوب المياه بها، لتخرج مندفعة عبر الفتحات العليا بالسد فى طريقها إلى مدينة العريش، تاركة تلك البحيرة المؤقتة كأثر مهم للسيل، وقد لوحظ على بعض جوانبها بعض الحزوز التى تشير إلى انخفاض منسوب سطحها نسبياً بعد حوالى شهرين من حدوث السيل، وإن كانت بطغيانها على جوانب الوادى قد أحاطت بعض النباتات بالمياه. كذلك ظهرت بعض آثار السيل خلف السد، مثل البحيرة الطولية الضحلة المؤقتة الموجودة خلفه مباشرة، وهدم بعض الكتل الجيرية المستخدمة فى إنشاء المدرجات شبه السلمية بجانبى المجرى خلف السد مباشرة، وبالسلالم الموجودة بها، بالإضافة إلى تآكل الصخور الجيرية بجانبى المجرى أعلى تلك البحيرة الضحلة.

أما أهم الآثار الإيجابية للبحيرة الواقعة أمام السد هو أنها أصبحت تمثل مورداً مؤقتاً للمياه، حيث يمكن استغلالها مباشرة سواء فى مجال الزراعة ببعض الأماكن القريبة منها، أو استخدامها فى أى أنشطة أخرى، كما أن ما يتسرب منها بباطن الأرض يمكن استخراجه فيما بعد بحفر الآبار، وخاصة ما قد يكون فى شكل مياه تحت سطحية.

٣- تتمثل أهم آثار السيل فى مدينة العريش فى تدمير وإغراق بعض الزراعات – سواء بداخل مجرى الوادى أو بجواره، كما أضر ببعض المبانى –

خاصة فى الأماكن الملاصقة لمجرى الوادى، وكذلك إلحاق الضرر ببعض المرافق العامة، والتى من أهمهما إتلاف بعض الطرق المرصوفة.

ثانياً: التوصيات:

١- دراسة إمكانية تعلية سد الروافعة لمنسوب أعلى مما هو عليه الآن، ليقوم بحجز أقصى كمية مياه يمكن أن تجلبها السيول، وذلك لحماية مدينة العريش بشكل تام من أضرارها، وكذلك للاستفادة من مياه تلك السيول فى مجالات التمية، وخاصة الزراعة، وإن لم يكن هذا ممكناً لأى أسباب فنية، فيُقترح دراسة إنشاء سد آخر يمكنه بالقيام بهذه المهمة.

٢- نشر الوعى بين السكان بالمناطق التى تشرف على مجرى السيل بمدينة العريش بعدم استغلال ذلك المجرى فى أى أنشطة زراعية أو غيرها – خشية تدميرها مع حدوث أى سيل مفاجئ، وكذلك عدم إلقاء أى مخلفات بذلك المجرى، حتى لا تمثل عائقا أمام السيول التى قد تجرى به لتصل إلى البحر مباشرة.

٣- مراعاة تطهير مجرى الوادى باستمرار فيما بين سد الروافعة والمصب، وخاصة بالقطاع الذى يمر بمدينة العريش، وذلك لتيسير جريان السيول الفجائية إلى البحر مباشرة، ودون حدوث أى أضرار بهوامش المدينة الملاصقة للمجرى.

***

المراجـــع

١-**أحمد سالم صالح:** ١٩٨٥، حوض وادى العريش ـــ دراسة جيومورفولوجية، رسالة دكتوراه غير منشورة، كلية الآداب ـــ جامعة القاهرة.

٢-**آمال إسماعيل شاور:** ١٩٨٢، التعبير الكمى لدورة التعرية عند ديفز مع التطبيق على بعض الأودية فى مصر، المجلة الجغرافية العربية الصادرة عن الجمعية الجغرافية المصرية، العدد ١٤، ص ص ٣٩-٥٥.

٣-**سعيد عبد الرحمن عوض الله هيكل:** ١٩٨٥، حوض وادى غويبة ـــ الصحراء الشرقية ـــ دراسة جيومورفولوجية، رسالة ماجستير غير منشورة، كلية الآداب ـــ جامعة القاهرة.

***

الصور الفوتوغرافية

صورة (١): لوحة توضح بيانات سد الروافعة عند بداية طريق المشاه الذى يعلوه من جهة اليمين.

صورة (٢): الفتحات العلوية التى تسمح بتدفق المياه الزائدة عن التخزين بسد الروافعة ــ كما تبدو بالجانب الخلفى منه.

صورة (٣): طريق المشاة بأعلى سد الروافعة.

صورة (٤): البحيرة الطولية التى تكونت أمام سد الروافعة بعد إصابة وادى العريش بسيل أكتوبر ٢٠١٠.

صورة (٥): البحيرة التى تكونت أمام سد الروافعة بعد إصابة وادى العريش بسيل أكتوبر ٢٠١٠، ويبدو مستوى سطحها بالقرب من الفتحات العليا بالسد بالرغم من مرور حوالى شهرين على إصابة الوادى بالسيل.

صورة (٦): صخورالحجر الجيرى قليلة المسامية والنفاذية نسبياً بمنطقة سد الروافعة.

صورة (٧): بعض الحزوز بالقرب من سطح البحيرة المؤقتة التى تشكلت أمام سد الروافعة بعد إصابة وادى العريش بسيل أكتوبر ٢٠١٠، والتى تشير إلى حدوث انخفاض بسيط متوالى فى منسوب سطحها.

صورة (٨): بعض التشققات الطينية بالسطح المجاور للجانب الأيسر للبحيرة المؤقتة التى تشكلت أمام سد الروافعة بعد إصابة وادى العريش بسيل أكتوبر ٢٠١٠، وذلك بعد انحسار مياه تلك البحيرة عنها.

صورة (٩): بعض النباتات بالجانب الأيسر للبحيرة المؤقتة بالقرب من سد الروافعة، وقد غمرتها مياهها بعد ارتفاع منسوبها، وطغيانها عليها.

صورة (١٠): ظهور بضع شجرات متجاورة على الجانب الأيسر للبحيرة المؤقتة بالقرب من سد الروافعة، وتحيط بها المياه، لتبدو وكأنها نمت فوق لسان من اليابس يمتد داخل البحيرة، وذلك بعد أن طغت مياه البحيرة على ذلك الجانب.

صورة (١١): الحائط الخلفى لجسم سد الروافعة، وقد غسلته مياه السيل التى تدفقت عليه من الفتحات التى تعلوه.

صورة (١٢): آثار المياه المتسربة غالباً من أنابيب المياه البلاستيكية التى تمر من الفتحة العليا الأولى بالجانب الأيسر للسد، والتى تجرى إلى الأسفل عبر الدرجات شبه السلمية بذلك الجانب حتى تصل إلى قاع المجرى.

صورة (١٣): بعض الأنابيب البلاستيكية الممتدة عبر الفتحة العليا بالجانب الأيسر لسد الروافعة لنقل بعض المياه من البحيرة لأغراض الزراعة، أو غير ذلك بالمنطقة الواقعة خلفه.

صورة (١٤): بعض الأنابيب البلاستيكية الممتدة عبر الفتحة العليا بالجانب الأيمن لسد الروافعة لنقل بعض المياه من البحيرة لأغراض الزراعة، أو غير ذلك بالمنطقة الواقعة خلفه.

صورة (١٥): البحيرة الطولية الضحلة بقاع وادى العريش خلف سد الروافعة مباشرة، والتى ربما تخلفت عن مياه السيل ولم تجف تماماً حتى تاريخ زيارة الباحث.

صورة (١٦): المدرجات شبه السلمية والسلالم الموجودة بها بالجانب الأيمن لمجرى وادى العريش خلف سد الروافعة مباشرة، وقد تهدلت بعض الكتل الجيرية منها، وربما أسهم السيل فى ذلك.

صورة (١٧): المدرجات شبه السلمية والسلالم الموجودة بها بالجانب الأيسر لمجرى وادى العريش خلف سد الروافعة مباشرة، وقد تهدلت بعض الكتل الجيرية منها، وربما أسهم السيل فى ذلك.

صورة (١٨): تآكل الصخور الجيرية بالجانب الأيمن لوادى العريش أعلى البحيرة الضحلة الموجودة خلف سد الروافعة، وغالباً ما أسهم اندفاع مياه السيل فى زيادة ذلك تآكلها.

صورة (١٩): انجراف بعض الرمال بالجانب الأيسر لوادى العريش خلف سد الروافعة مباشرة بفعل مياه السيل، وقد ظهر الحجر الجيرى التى كانت تغطيه متآكلاً أيضاً فى بعض الأجزاء.

صورة (٢٠): مجرى وادى العريش بالقرب من المصب، وتظهر بعض المبانى بالقرب منه.

صورة (٢١): إحدى الشجيرات التى دمرها السيل بمجرى الوادى بمدينة العريش.

صورة (٢٢): بعض أشجار النخيل بالقرب من مجرى وادى العريش بالقرب من المصب، ويتضح أثر بقايا مياه السيل محيطة بها.

صورة (٢٣): ظهور أجزاء من جذور بعض أشجار النخيل بالقرب من مجرى وادى العريش بالقرب من المصب، نتيجة لإزالة السيل لأجزاء من سطح التربة.

صورة (٢٤): أحد المبانى التى ألحق السيل ضرراً بها بالقرب من مجراه بمدينة العريش.

صورة (٢٥): جزء من سور أزاله السيل بالقرب من مجراه بمدينة العريش.

صورة (٢٦): عمود حديدى أزاله السيل من مكانه بالقرب من مجراه بمدينة العريش.

صورة (٢٧): جزء من طريق مرصوف مدمر بفعل السيل بمدينة العريش بالقرب من مجرى وادى العريش.

صورة (٢٨): طريق مرصوف بالقرب من أحد المبانى بمدينة العريش بالقرب من مجرى وادى العريش، وقد أزال السيل جزء منه.

صورة (٢٩): بقايا بركة من المياه المتخلفة عن السيل بمدينة العريش بالقرب من مجرى وادى العريش.

صورة (٣٠): الشقوق الطينية بإحدى البرك الجافة المتخلفة عن السيل بمدينة العريش بالقرب من مجرى وادى العريش.